美国国家地理·动物故事会系列

永远的好朋友

你还能看到不可思议的"跨界"动物友情故事

【美】艾米·谢尔德　著

王镇元　译

U0337942

Boulder Publishing
大石精品图书

APPTIME
创想

时代出版传媒股份有限公司
安徽少年儿童出版社

著作权登记号：皖登字12131315号

Copyright © 2013 National Geographic Society. All rights reserved.
Copyright Simplified Chinese edition © 2014 National Geographic Society. All rights reserved.
Reproduction of the whole or any part of the contents without written permission from the publisher is prohibited.

本作品中文简体版权由美国国家地理学会授权北京大石创意文化传播有限公司所有。由安徽少年儿童出版社出版发行。未经许可，不得翻印。

图书在版编目（CIP）数据

美国国家地理·动物故事会系列.永远的好朋友 / （美）谢尔德著；王镇元译. –合肥：安徽少年儿童出版社，2014.5
　ISBN 978-7-5397-7044-4

Ⅰ.①美… Ⅱ.①谢… ②王… Ⅲ.①动物–少儿读物 Ⅳ.①Q95-49

中国版本图书馆CIP数据核字(2014)第027409号

美国国家地理学会是世界上最大的非营利科学与教育组织之一。学会成立于1888年，以"增进与普及地理知识"为宗旨，致力于启发人们对地球的关心。美国国家地理学会通过杂志、电视节目、影片、音乐、电台、图书、DVD、地图、展览、活动、学校出版计划、交互式媒体与商品来呈现世界。美国国家地理学会的会刊《国家地理》杂志，以英文及其他33种语言发行，每月有3800万读者阅读。美国国家地理频道在166个国家以34种语言播放，有3.2亿个家庭收看。美国国家地理学会资助超过10,000项科学研究、环境保护与探索计划，并支持一项扫除"地理文盲"的教育计划。

MEIGUO GUOJIA DILI DONGWU GUSHI HUI XILIE YONGYUAN DE HAO PENGYOU

美国国家地理·动物故事会系列·永远的好朋友　　　【美】艾米·谢尔德 著　王镇元 译

出 版 人：张克文
总 策 划：李永适 张婷婷
责任编辑：王笑非 唐 悦 吴荣生
特约编辑：杨晓乐
美术编辑：王海燕
责任印制：宁 波

出版发行：时代出版传媒股份有限公司 http://www.press-mart.com
　　　　　安徽少年儿童出版社 E–mail：ahse@yahoo.cn
　　　　　（安徽省合肥市翡翠路1118号出版传媒广场　邮政编码：230071）
　　　　　市场营销部电话：（0551）63533521　　（0551）63533531（传真）
　　　　　（如发现印装质量问题，影响阅读，请与本社市场营销部联系调换）
印　制：北京瑞禾彩色印刷有限公司
开　本：889mm×1194mm　1/32
印　张：3.25
字　数：65千字
版　次：2014年6月第 1 版
印　次：2014年6月第 1 次印刷

ISBN 978–7–5397–7044–4　　　　　　　　　　　定　价：20.00元

目录

罗斯科和索雅：最好的哥们儿

猩猩索雅和狗狗罗斯科真的是"一见钟情"。

泡泡驮着索雅、
罗斯科和动物训练师
莫克夏·拜比。

4

第一章

最美的时光

2008年夏天，南卡罗来纳州爱神木海滩。

天气闷热而潮湿。一只名叫"泡泡"的大象在丛林里慢悠悠地踱步，它的背上坐着一只名叫"索雅"的毛茸茸的红毛猩猩。泡泡和索雅都很兴奋，它们知道路的尽头有一条河，很快它们就能在河里撒欢了。在这大热天里，能下水游泳一定很爽！

　　道克走在泡泡和索雅旁边。他朝前望去，发现河岸边坐着一只猎犬。它看上去饥肠辘辘，骨瘦如柴——都能看得见它的肋骨。索雅也瞄见了这只狗。道克还来不及阻止，这只顽皮的红毛猩猩便从泡泡的背上跳了下来。

　　索雅朝那只狗跑去。它伸出自己毛茸茸的长手臂把狗狗揽在怀里。天哪！要小心。道克想。这只饿犬可能是个不好惹的家伙。

　　事实上，这只狗根本没在意这个大家伙给自己的"熊抱"。它摇了摇尾巴，然后抓住索雅的尾巴不放，7岁大的红毛猩猩索雅则顺势扑回来……它们在用这种方式传递着一个信号——我喜欢你，你喜欢我吗？

不一会儿，答案就有了：是的，我喜欢你！

这对新伙伴转着圈，相互追逐嬉闹，玩累了就躺在地上休息一会儿。红毛猩猩用手臂环抱着狗狗，把它拉到近前。它们就像一对"失散多年的好哥们儿"，道克说。

玩了一会儿，该走了。道克抱起索雅放回泡泡的背上。

道克想把那只狗送回它自己的家，可是，这个家伙寸步不离地跟着他们。它一路摇着尾巴紧紧跟随，索雅去哪儿，它就去哪儿。"我猜你已经决定要留下了。"道克说。它给这只狗取了个名字——罗斯科。

道克博士是南卡罗来纳州爱神木海滩野生动物保护区的主管。索雅和泡泡是住在保护区的两只动物。

道克和保护区其他工作人员还负责照看豹子、非洲猎豹、猴子、黑猩猩，以及像索雅这样的红毛猩猩。保护区里甚至还有一只叫赫拉克勒斯的狮虎兽——狮虎兽的爸爸是狮子，妈妈是老虎。

　　现在，道克有了一只新动物需要照料，而索雅则多了一个最好的朋友。

　　罗斯科是一只布鲁泰克浣熊猎犬。布鲁泰克犬聪明而友善，它们非常喜欢追踪猎物。布鲁泰克犬总是把鼻子贴近地面，不停地嗅啊嗅，以搜寻猎物的蛛丝马迹。它们工作时会忘掉一切，脑子里只想一个目标：找到猎物！

　　在抓到猎物之前，布鲁泰克浣熊猎犬不会停下步伐，它们甚至会追到树上。

　　遇到索雅那天，罗斯科可能就是在追捕猎物。也许它跑得太远了，也许它找不到回家的

丛林家园

　　过去，亚洲的任何地方都有红毛猩猩居住，如今，它们只栖身在两座岛上——苏门答腊岛和婆罗洲。

　　现在，这些岛上的森林被当地农民和伐木者不断砍伐，以腾出土地来建造棕榈树农场。这使得红毛猩猩的容身之所越来越少，它们很难找到食物。除非它们的森林家园被好好保护，否则，它们将很快灭绝。

路了，甚至它根本就没有家。

　　最初，道克特别留意观察索雅和罗斯科。当有陌生人或陌生动物进入自己的世界，动物往往会很害怕。索雅以前从来没和狗接触过，而罗斯科以前见过红毛猩猩吗？不太可能！

　　惊恐的狗会咆哮、龇牙，耳朵向后伸展，背上的毛会立起来；红毛猩猩惊恐时，看上去却像在微笑。当它们脸上露出傻傻的"狞笑"，就表示它们心里害怕得发抖。道克在索雅的脸上没有看到任何表情；而罗斯科不咆哮，也没有流露出任何恐惧的迹象。

　　自见面那一天起，索雅和罗斯科似乎就成了老朋友，两个家伙谁也不会凌驾于另一个之上。如果罗斯科想打个盹儿，索雅就会乖乖躺在它旁边；索雅想要躺下休息，罗斯科也会这样做。

索雅比罗斯科更爱分享。索雅会分享一切，它会把自己的动物饼干掰碎，分给罗斯科。罗斯科很喜欢索雅美味的动物饼干。

索雅还试着与罗斯科分享香蕉。罗斯科不喜欢吃香蕉。看见香蕉，它会闭起嘴，把脸扭向一旁，索雅只好作罢。索雅超爱吃香蕉。

酷知识

红毛猩猩也叫人猿或红猩猩，是灵长目人科的一属。它们的平均寿命大约是40年，平均身高是171厘米~180厘米。

红毛猩猩共有2种，即婆罗洲猩猩和苏门达腊猩猩。婆罗洲猩猩分布于马来西亚和印尼的婆罗洲，苏门达腊猩猩分布于印尼的苏门达腊。

红毛猩猩四肢末端皆有指头可对握的"手"，能够适应树栖生活。

自见面那天起，索雅和罗斯科就成了最好的哥们儿，它们很享受相互依偎的感觉。

第二章

"动物大使"索雅

在动物保护区，索雅有一项特殊的工作——它是"动物大使"。大使是一个国家的代表，索雅的工作就是代表生活在雨林中的红毛猩猩。

道克认为，让来到保护区的人能近距离地看到索雅及其他动物，是件非常好的事情。

他希望人们看到动物是如何自由生活的,这将有助于增强人们的野生动物保护意识。

索雅是一位很棒的动物大使,人们都很喜欢它。当索雅和罗斯科结伴出现时,它俩真的会成为众人关注的焦点!

有时,两个好朋友会在庭院里一起散步。索雅抓着罗斯科的狗链,不让它乱跑,这反而会让罗斯科走得更起劲。很快,索雅就跟不上了。于是,它会抓住自己的双脚,像球一样滚起来,直到撞上罗斯科。这时,罗斯科会从索雅身上跳过去。索雅朝一个方向拽狗链,罗斯科就向另一个方向挣。这两个家伙从来不会沿着直线走路。

任何事情都能让索雅找到乐子。对它而

言，一个空盒子就是一个非常棒的“沙发”，然后它又把“沙发”套在头上当帽子。盒子很快就被扯坏，成了一件酷酷的“超人披风”！最后，这个盒子被彻底大卸八块。现在，索雅蜷缩在盒子下面藏起来了。有人想跟它玩躲猫猫吗？

和所有红毛猩猩一样，索雅也喜欢做鬼脸。它会噘起自己的下嘴唇，或抿起它那厚嘟嘟的双唇。它爱傻笑，爱吐舌头，爱用手“拉下”自己的大脸。有时，它会发出“噗噗”的声响，这总会逗得人们哈哈大笑。

人们看索雅的这些表演，从来不会感到厌倦，不过，索雅可不喜欢看人。它更喜欢和罗斯科玩，它也喜欢和其他红毛猩猩一起出去玩。

索雅很幸运，它的另一项工作就是最好的

证明——和其他红毛猩猩一起出行。在野生世界里，小红毛猩猩是从自己的爸爸妈妈那儿学习生存之道的。而在保护区，索雅是其他小红毛猩猩的老师，它们通过观察索雅的一举一动以及和它一起玩来学习。

如果索雅生活在野生世界，它现在就要靠自己来生活。而在保护区，它和其他3只小红毛猩猩住在一座大房子里。动物训练师莫克夏·拜比和它们住在一起。

索雅和另外3只小家伙很喜欢摔跤，它们还会相互打闹，满院子乱跑和翻滚。有时，索雅会抓起一根小树枝挠挠后背，那些小红毛猩猩也学着它的样子，找根树枝挠背玩。有时，索雅会给这些宝贝碰鼻吻，它们也会回吻。

多数时间，索雅都和小红毛猩猩们相处得很好。不过，到了饭点，它可是要吃独食的。

否则，索雅就会抢其他红毛猩猩的食物——上了年纪的红毛猩猩都是这副"德行"。

晚上，莫克夏会给红毛猩猩们洗澡。她把它们都放进浴缸，然后给它们清洗。而这些淘气的家伙只顾着玩泼水的游戏，它们只想玩。这让莫克夏很惊奇，因为野生环境下，红毛猩猩并不喜欢水。在野外，水意味着危险。而在浴缸里，水成了快乐的源泉。

对索雅而言，如果它生活在野外，许多事情会截然不同。在保护区，它整天和许多伙伴在一起；在雨林，它大部分时间则是"独行侠"。白天，它孤身一人去寻找食物，晚上就在树顶用树叶搭个窝睡觉。它可不愿有只狗做朋友！

在保护区，莫克夏会为小红毛猩猩们做睡前准备。她用毯子为它们铺了舒适的窝。索雅会自己用毯子搭窝。

　　熄灯前，莫克夏还会再做一件事。她大叫道："罗斯科，睡觉时间到！"罗斯科便跑进屋里，蜷缩着睡在自己最好的朋友——索雅旁边。

红毛猩猩大学堂

在苏门答腊和婆罗洲，野生动物保护者为失去妈妈的小红毛猩猩建立了特殊的学校。工作人员教它们在野外生存所需的技能。野生红毛猩猩生活在树上，它们可以几周时间都在林间"飞檐走壁"，脚不着地。在猩猩学校，小红毛猩猩要在由绳子和网组成的"健身房"里练习丛林绝技。它们学习如何爬树和待在树上。如果某个小家伙因爬得太高而害怕，工作人员会帮它下来，给它一个拥抱，让它再去试试别的！

索雅勾住罗斯科，在水池里"环游"。罗斯科根本不在意，索雅是自己的好哥们儿！

第三章

一对 好泳伴儿

再没有什么比在炎热的夏天游个泳更痛快的啦，不是吗？如果能和自己好哥们儿一起畅游会怎么样？绝对更棒！

红毛猩猩不是天生的游泳健将。它们在丛林家园里生活时，那里的河流可是危险之地。如果水流湍急，不慎跌倒的红毛猩猩可能会被河水卷走。

不过，索雅不是生活在野外，而且，莫克夏在这方面经验丰富。

索雅喜欢待在浴缸里。嗯，不知道索雅是否愿意学习游泳呢？莫克夏想。

当莫克夏把这一想法告诉道克时，他的回答是可以试一试。

于是，有一天，莫克夏给索雅套上了一件救生衣，把它领到保护区的一座水池边。游泳训练班正式开课。他们一起下水，最初，索雅紧靠着池边，一步也不肯挪动，它用一根手指紧紧扣住池边。莫克夏站在水中离它几步远的地方。"别怕，索雅！"她大叫着，"朝我这儿游！"索雅看着莫克夏，慢慢松开了抓着池边的手。它的长手臂伸展开来，一下一下扑腾着在水里前行。索雅在游泳了！

不久后，索雅就爱上了游泳。它依然需要套上救生衣，原因在于它不太懂得如何合拢双手。因此，要在水中获得充分的推力很难。另外，红毛猩猩的身体非常僵硬，对它们而言，在水中漂浮几乎做不到。

和许多猎犬一样，罗斯科是游泳高手。有时，索雅会抓着罗斯科的尾巴，在水池里畅游。

当莫克夏教索雅游泳时，她仔细观察着索雅的一举一动，想搞清它的感受。它的身体语言可以帮助它交流。

如果索雅撇着嘴唇龇出牙，就表明它感觉到了恐惧或危险。游泳课刚开始的时候，莫克夏曾经看到过一两次这种表情。如果它张

摇摆泳者

2009年，婆罗洲的一些红毛猩猩做了一件让人非常吃惊的事：它们爱上了游泳。它们从河边的树枝上跳入水中，水花四溅，犹如一场泳池大聚会！人们十分惊奇，以前从来没有见过野生红毛猩猩游泳。这个消息迅速传遍了世界。

这些红毛猩猩位于一个保护区内。科学家们认为，它们可能注意到周围没有鳄鱼出没，感到很安全，才敢这么做。红毛猩猩下到水中搜寻食物，它们也吃鱼，还喝积存在杯状岩石里的水。想不到吧？

开嘴而不露出牙齿，则意味着它准备开心地玩一下。扭向一侧的姿势则是在说："别慌。别动。"索雅学习游泳时，罗斯科会陪在左右。

道克、索雅和泡泡还会一起下河游泳，只是现在，泡泡的背上除了索雅外，还多了一个乘客——罗斯科。当它们穿过树林朝河边前进时，索雅和罗斯科都异常兴奋。它们知道自己要去哪儿！索雅拍着手，罗斯科无拘无束地吼叫着。啊呜！还有比这更棒的吗？它似乎在说，我要和我最好的哥们儿一起游泳！

酷知识

- ◆ 红毛猩猩习惯于在白天觅食，每天夜里都要在离地12米～18米的高处筑一个新窝。

- ◆ 红毛猩猩与大猩猩及黑猩猩一起常常被称为"人类最直系的亲属"。

大猩猩科科从小就喜欢猫。看！它和"老虎"在一起。

科科：
为猫
疯狂！

科科不仅高大强壮，还挺漂亮！它很聪明，富有爱心，你能从它的眼睛里看到这些。

第一章

加利福尼亚州伍德赛德。圣诞节的早晨，12岁的科科打开收到的礼物。这只大猩猩首先查看自己的"圣诞百宝箱"——袜子。它发现里面有一些坚果。科科超爱坚果。不过，今天早晨，它把这些东西扔到了一边。接下来，它找到了一只玩偶。"讨厌的玩意儿。"它向自己的朋友佩妮抱怨道。

接下来是一只玩具猫，外面裹着黑色的丝绒。"红色！"科科惊叫着。红色可不是好东西。当科科使用"红色"这个词时，表明它很生气。

糟了！佩妮知道科科想要一只猫，于是她给它买来了这只绝对经得住摔打的玩具猫。科科的反应让佩妮知道自己错了。佩妮明白了，科科想要的是一只真猫。

等等——一只大猩猩怎么能告诉人类它的感受呢？

科科可不是一只普通的大猩猩，它很了不起。它会用美国手语（英语简称ASL）和人交流。

美国手语不是一种口头语言，它通过手、

面部表情和身体姿势把意思表达出来。许多聋哑人使用美国手语进行无声交流。

设想一下，你正和科科待在一起。如果你懂美国手语，你就可以向它发问："你是谁？"它可能比画着回答你："我是好人大猩猩。"

科科是如何学会手语的？科科刚出生时，佩妮·帕特森是斯坦福大学的一名学生。她听到科学家艾伦和比特瑞·加德纳在谈论一个新奇的项目，他们要教一只名叫"瓦肖"的黑猩猩学习美国手语。瓦肖是首个非人类学习美国手语者，它掌握了350个手势。

佩妮决定教一只类人猿用美国手语进行交流，也许她可以找一只黑猩猩来教。

最后，她找到了一只大猩猩，它就是科科。大猩猩和黑猩猩都属于类人猿，它们在许

科科的特别手语

　　全世界的人使用多种不同的手语。在中国，人们使用中文手语，他们不懂美国手语。使用美国手语的人也可能不完全懂得大猩猩的手语。科科的拇指比人类的小，这意味着有些美国手语中的手势它没法做。因此，科科有自己的一套手语。它会把"斑马"比画为"白虎"，把"面具"比画为"眼罩"，而戒指则是"指手镯"。科科有很多创意！

多方面很类似，而且都很聪明。

　　科科1971年7月4日出生在旧金山动物园。科科1岁的时候，佩妮来找动物园园长，询问园长可否让自己教科科学手语，佩妮保证和科科在一起待4年。

　　猜猜佩妮和科科共处了多久？至今他们已在一起待了40多年！佩妮仍然是科科的朋友和老师。不过，现在，佩妮要给它更好的礼物。她发誓，下次一定给科科一件它最想要的礼物。

酷知识

　　大猩猩有东、西两大栖息地域：西部的栖息地位于刚果、加蓬、喀麦隆、中非共和国、赤道几内亚、尼日利亚，通称西部低地大猩猩；东部栖息地位于刚果民主共和国东部、乌干达、卢旺达，通称为东部山地大猩猩。

科科搂着"毛球"。科科爱用手指轻轻敲"毛球"的头。

第二章

心爱的小猫

那次令人失望的圣诞节过去几个月后，佩妮决定送给科科一只真猫。她相信科科不会伤害猫咪，毕竟，科科很爱猫，它最喜欢的故事是"穿靴子的猫"和"3只小猫咪"。

一天，佩妮听说有3只小猫咪找不到妈妈了。佩妮把猫咪们带到位于加利福尼亚州伍德赛德的大猩猩基金会，她和科科住在附近的房子里。

佩妮把小猫带来见科科。3只猫咪中一只是褐色的，两只是灰色的，其中一只灰色小猫没有尾巴。当科科看到小猫时，它比画着说"我喜欢它们"。

佩妮告诉科科，它可以从中选一只。科科把它们逐个儿抱起来，看着它们的眼睛，朝它们脸上吹气。当它遇到新的动物或人时，就会这么做。

最终，它选择了那只没有尾巴的灰色猫咪。

它比画着："科科喜欢这只。"

"你想给它取个什么名字？"佩妮问道。

"毛球。"科科比画着回答。没有尾巴的小猫咪看上去还真像一个柔软的灰色毛球。

科科将这只灰色小家伙的脑袋靠在自己毛茸茸的肚子上。它对待"毛球"异常温柔，就如同对待自己的小宝宝。科科会把"毛球"放到自己的背上，大猩猩妈妈就是把自己的孩子背在背上的。

　　"毛球"会在科科宽厚的背上爬上爬下，用尖尖的爪子在科科背上爬行。"哎哟！"科科比画着，"真解痒。"

　　"毛球"天生是只"小无赖"，这可能是因为它从小便成了孤儿，没有妈妈教它如何乖乖听话。有时，"毛球"还会咬科科。"猫咬我了，真讨厌。"科科比画着。科科会以其人之道还击吗？绝对不会。它对这位新朋友非常有耐心。

　　科科喜欢修饰"毛球"。它为"毛球"梳理毛发，轻柔地抚摸它。它每天都仔细检查

"毛球"的眼睛、耳朵和嘴，确保"毛球"一切都很好。多好的朋友啊！

科科还喜欢和"毛球"交谈。它经常和巴巴拉·希勒交谈，巴巴拉和佩妮是大猩猩基金会的共同创始人。当巴巴拉和科科谈起"毛球"时，科科比画着说："'毛球'很柔软。"

"你喜欢'毛球'吗？"巴巴拉问。

"我喜欢乖猫。"科科比画着。

科科爱"毛球"吗？毫无疑问！科科喜欢和它玩吗？这可能是个大问题。科科体重91千克，身高152厘米。而"毛球"只有0.17千克重，10厘米高。这就如同你在和一只蝴蝶玩耍。

当科科和"毛球"躺在地板上的时候，科科会比画着说："挠痒痒。"科科喜欢被挠痒痒。如果"毛球"听得懂科科的手语，明白"挠痒痒"是什么意思，它一定会说："不行！""毛球"可不喜欢被科科挠痒痒。

于是，佩妮帮"毛球"假装和科科玩挠痒痒的游戏。佩妮一手抱着"毛球"，用另一只手给科科挠痒。这还真有效。科科觉得很有趣，它"哈哈哈"地大笑着，表现出很享受的样子。

科科喜欢的另一项游戏是追逐。你能想象大猩猩和小猫咪之间的追逐吗？猫咪喜欢当追赶者，科科也是。科科想要追赶"毛球"，小猫咪却站着不动，还蜷起了身子。科科不在乎"毛球"的反应，"毛球"无论做什么都不会让科科抓狂或难过。

直到有一天，出了一件可怕的事："毛球"溜出了屋，跑到街上，被一辆汽车撞死了。

　　佩妮把出事的消息告诉了科科。科科一言不发。一开始，佩妮还以为它没明白。当她关上科科的房门，她听到科科悲伤地轻声哀叫。佩妮也哭了。科科在为它的朋友"毛球"而哭泣，佩妮则是为"毛球"和科科留下了眼泪。

温柔的巨人

大猩猩分两种，山地大猩猩和低地大猩猩。山地大猩猩居住在非洲东部的丛林里，而低地大猩猩则出没于西非的丛林。科科是低地大猩猩。生活无拘无束的大猩猩喜欢吃野生芹菜和植物根茎。水果和竹笋是它们钟爱的美食，它们也吃树皮和果肉。

大猩猩可能看起来有些吓人，不过，它们大多数时间都很温柔、平和。它们与同伴分享食物，保护幼小；和人类一样，它们也有喜怒哀乐等感情。

对于小猫斯莫奇而言，爬到科科的头上犹如登上山顶。

第三章

科科的爱 直到永远

3天后，佩妮再次向科科提起了"毛球"。她问："你想谈谈你的小猫咪吗？"

科科比画道："我会哭。"接着它继续用手语回答："想。"

佩妮问科科它是否知道发生了什么事，科科比画道："猫咪睡着了。"

佩妮问科科有什么感觉，科科比画道：
"糟糕，难过。"

有一次，科科看到一张猫咪的照片，照片中的小猫很像"毛球"。它指着照片比画道："哭泣，悲伤，皱眉。"它把手放在眼睛上，比画出泪从眼里落下的样子。它把下嘴唇向下拉，做出皱眉的表情。对科科而言，这是一段非常悲伤的时光，失去心爱的朋友是一种巨大的伤痛。

佩妮决定为科科找只新猫。她找到一户人家，他们要送出小猫。他们把小猫放在盒子里带给科科。

什么？只有一只猫？科科指着盒子比画着："没得选吗？"

科科要自己选猫。它现在的脾气变得很暴躁。"想骗我吗？"它冲佩妮比画着。没有看到两三只猫咪可供选择，科科就认为这只是假的！

新的猫咪是黄色的，长着一个亮粉色的鼻子，科科称它为"唇膏"。佩妮想，一定是它的粉色鼻头让科科想到了唇膏。科科也和"唇膏"玩耍，但它似乎不像爱"毛球"那样爱"唇膏"。不过，迈克尔可不是这样。

迈克尔是大猩猩基金会的另一只大猩猩，它也跟佩妮和其他基金会成员学习手语。有迈克尔做玩伴，对科科来说是件好事。当一只大猩猩要搞"疯狂行动"时，另一只大猩猩就会跟它做伴！这两只大猩猩就如同兄弟或姐妹一样。

就像兄弟或姐妹会互相攀比一样，如果科科有只猫，迈克尔也会要一只。它称"唇膏"为"我的红猫"。因为迈克尔似乎比科科更喜欢"唇膏"，于是，佩妮把这只小猫送给了迈克尔。

对于自己的下一只猫朋友，科科要自己选。佩妮带来了两只猫咪，其中一只黑白相间。科科先轻轻抚摸了它一下。当它把这个小家伙抱出盒子的时候，它却一溜烟地跑开了。科科抓住它，用手比画着："小东西，小东西，小讨厌。"

另一只猫是灰色的，它径直跳到科科的大腿上。科科用手语说道："你就是科科的小可爱。"科科吻了一下这只小猫，然后走了几步，这只小灰猫竟然"尾随"着科科。"我喜欢它。"科科比画道。它把这个小家伙搂在怀里，然后向这只小猫展示自己最喜欢的玩具。科科把一串珠子项链戴在小猫的脖子上。就要它了。

几天后，佩妮问科科是否已经给新朋友起好了名字。"斯莫奇。"科科比画道。

随后的几年，陆陆续续有其他猫咪来到大猩猩基金会生活。不过，这时科科已经有了新兴趣：小宝宝。不是人类小宝宝，而是大猩猩宝宝。科科有一个叫迪姆的特殊朋友，迪姆是一只雄性大猩猩。佩妮和大猩猩基金会的科学家希望科科和迪姆能够生一只小宝宝。

如果科科有了自己的小宝宝，它会教它手语吗？佩妮认为很有可能。当科科玩玩具娃娃时，它会扳动它的手臂，假装它们正在用手语交流。也许它只是在练习自己真有一个可爱的小宝宝后如何教它手语。

与此同时，科科有许多事要做，整天忙忙碌碌。它要和佩妮一起工作，要和迪姆一起

一对
大活宝

　　和人类一样，迈克尔和科科也很难做到规规矩矩。一次，迈克尔搞了一个恶作剧，佩妮责备了它，并提醒它要做个听话的大猩猩。她听到科科发出了"哈哈哈"的声音。科科认为迈克尔惹了麻烦，它感觉很好玩。

　　还有一次，迈克尔和科科相互起外号。科科称迈克尔为"傻瓜厕所"，迈克尔则送了科科"又臭又坏的傻瓜大猩猩"的称号。这些淘气的恶搞词汇，只有它们俩能心领神会！

玩。它会使用1000多个美国手语中的手势，它甚至会享受喝茶和看杂志。每天，它还会教佩妮和科学家们一些新东西。

2011年11月，科科从一群小猫中选了两个新朋友。一只有条纹，像老虎；另一只是全黑的。你认为科科会给它们起什么名字？"老虎"和"小黑"！科科成了它们的好朋友。它和小猫一起依偎在自己用毯子搭的窝里，把它们举在自己的肩膀上或揽入怀中。科科依然为猫痴狂！

"茉莉"：
超级朋友！

格力犬"茉莉"和自己的朋友们挤作一团。它乐意和谁玩呢？

茉莉和它的
狐狸朋友罗克在
公园散步。

第一章

学会信任

2003 年，英格兰纽尼顿。

在一个昏暗的园艺工具棚里，一只小狗在呜咽。它孤独无助，又饿又怕。有人把它锁在工具棚里便不管了。日子一天天过去，没有人来给它喂食，也没人搭理它。这个可怜的小家伙越来越虚弱。

万幸的是，在它快饿死之前，几位警官发现了它。他们认为这只狗需要特别的照顾，于是，他们把这个小东西送给了一个叫杰奥弗·吉莱维克的人。

杰奥弗住在英格兰小镇纽尼顿。他心地善良，专门收容那些需要关爱的动物。2001年，他在自己家设立了一座动物收容站，为动物提供帮助。在收容站里，他和其他志愿者一起护理那些生病、受伤或者和妈妈走散的动物。一旦动物能够独立活下去，他们就会把它放回大自然。

警官带给杰奥弗的这只狗并不是一只野生动物，不过，它的确需要帮助。它目光呆滞，骨瘦如柴。杰奥弗一看到它，便知道自己一定得帮它。

杰奥弗称这只狗为"茉莉"。茉莉是一只

格力犬。有些地方，格力犬是被饲养来参加比赛的。赛狗是一项很受欢迎的运动。不过，当狗狗不能再赢得比赛时，一些狠心的狗主人就不再喂养或照看它们了。杰奥弗想，这可能就是发生在茉莉身上的故事。

杰奥弗和同事悉心照料着茉莉，他们试着赢取这只狗狗的信任。突然的动静和大的噪音都会惊吓到它，因此，每个人都动作轻缓、低声讲话。慢慢地，茉莉开始信任他们。几周的特别护理加上良好的膳食，这只小病号很快恢复了健康与活力。

杰奥弗开始寻找愿意收养茉莉的人，他要为茉莉找一户爱它并能照料它的人家。

与此同时，茉莉自己也发现了一个安乐窝——收容所办公室的长沙发椅。

每次，当有人提着筐子或笼子进来时，

茉莉都会抬头看一眼，然后蜷起长腿缩进沙发。它用长鼻子碰碰筐子，嗅一嗅又有什么动物被带到了收容所，然后，它会轻轻舔舔同病相怜的"病友"。杰奥弗想，茉莉一定是在告诉动物们："别担心，现在你有救了。"

茉莉舔过狐狸，舔过獾幼崽，还舔过兔子。"它甚至让一只鸟站在自己的鼻梁上。"杰奥弗说。

很快，茉莉便成了收容所正式的"迎宾员"。"它似乎觉得自己有责任安抚每一只动物，无论大小。"杰奥弗回忆道。许多无助的动物都需要像茉莉这样的朋友。它迎接过猫头鹰、天鹅、刺猬和许多其他动物。一段时间以后，杰奥弗认定收容所离不开茉莉了，于是，他收养了这只狗。

一天，杰奥弗接到当地火车站打来的电

话，他们在铁轨上发现了两只新出生的小狗，希望杰奥弗去把它们接到收容站。

杰奥弗立即跳上车出发了。带着小狗返回的路上，杰奥弗心里在想，茉莉会怎么做呢？茉莉没生过宝宝，它知道如何照顾新生儿吗？

当杰奥弗带着小狗走进屋子的时候，茉莉从长沙发上跳了下来。它用嘴叼着一只小狗的颈背，把它送到自己的"安乐窝"。然后返回来把另一只也叼到了长沙发上。最后，它自己跳上了沙发，把两只小宝贝搂在怀中。不知道什么原因，它似乎知道仅仅舔一舔它们是不够的。

当杰奥弗带着装满热羊奶的奶瓶返回办公室的时候，茉莉轻轻碰醒了熟睡的小狗。喂完奶，杰奥弗把小家伙们还给茉莉。茉莉把它们舔干净，然后搂着小宝贝们又进入了梦乡。

真温馨啊，杰奥弗心想。他看着茉莉和两只小狗，脸上露出了微笑。

酷知识

◆ 狗的汗腺多分布在脚掌上，因此出汗的时候会在地上留下湿的脚印。狗可以通过张大嘴伸舌头喘气、蒸发舌头和肺部的水汽来降温，也可以通过扩张耳朵和面部的毛细血管来散热。

◆ 鬣狗吃其他动物吃剩的猎物尸体。斑鬣狗身上长着不规则的斑点，它们能吃掉动物尸体的每个部分，甚至连骨头都吃得干干净净。

天生爱极速

　　格力犬是最古老的狗种之一。3000多年前，古埃及人狩猎时会带上它们，古埃及墓上的一些雕刻描绘了格力犬追逐鹿和野生白山羊的场面。1000多年前，它们被带到英格兰。格力犬是奔跑速度第二快的陆地动物，仅次于非洲猎豹。凭借长腿和精壮的身体，格力犬可以像风一样疾驰。在竞赛中，它们的速度曾经达到每小时72千米！

布兰布尔现在看上去好像神气活现，不过当这只小鹿刚到动物收容所时，可是非常虚弱的。

第二章

患难小鹿

杰奥弗给两只小狗起了名字——巴斯特和托比。这两只小猎狗相处得很好，这可都是茉莉的功劳。杰奥弗想，它可能挽救了这两只小狗的生命。茉莉不仅是巴斯特和托比的好朋友，它还用自己的身体来保护它们，就如同一位狗妈妈那样悉心呵护自己的小宝宝。

还有一次，有人把一只身体非常弱的小狐崽放到了收容所。茉莉知道一位妈妈应当做什么。在杰奥弗和茉莉的帮助下，这只小狐崽渐渐活泼、强壮起来。杰奥弗称它为"罗克"。罗克和茉莉成了好朋友，它们喜欢一起出去散步。

不久，又来了另一只需要茉莉特别关爱的动物——小鹿。两位徒步穿越森林的人发现它躺在路边的一片开阔地上。正常情况下，母鹿会把自己的孩子藏起来，徒步爱好者意识到这只小鹿可能遇到了麻烦。最初，他们都怀疑它是否还活着，幸运的是，它还活着。不过，他们知道，如果不救治，它撑不了多久。

于是，两人把小鹿抬到了车上，带着它去看兽医。兽医认为这只两周大的小鹿没希望了。"太晚了。"兽医说，"真的没救了。"不过，那两个发现小鹿的人不愿放弃。

他们开车来到野生动物收容所。"请帮帮它。"他们向斯泰西·克拉克恳求。斯泰西和杰奥弗一起在收容所工作。送小鹿来的人告诉斯泰西，兽医认为小鹿没救了。斯泰西嘴上虽然没说，但她心里赞同兽医的观点。这只小鹿饿了太长时间了。斯泰西答应试一试。

最终让这只小鹿活过来的是茉莉。

当然，小鹿也得到了杰奥弗和斯泰西的帮助。他们每隔三到四个小时给小鹿喂一次热羊奶，然后就交由茉莉照看。茉莉似乎感觉到这只小鹿不仅需要一位朋友，还需要母爱。茉莉就是一只能带给它母爱的狗。它为小鹿舔干净身体，在长沙发上搂着它，给它取暖。

一天天过去了，小鹿慢慢恢复过来，脱离

了危险。当杰奥弗确信这只小鹿已经度过了危险期，他给它起了个名字——布兰布尔。

布兰布尔成了茉莉的"散步"伙伴。有时，一只金花鼠会吓它们一跳，附近鸣叫的大鸟也会惊扰它们一下。每逢这时，布兰布尔便会藏在茉莉身下。

布兰布尔像胶水一样黏着茉莉。"它们俩如影随形。"杰奥弗回忆道，"它们在收容所周围散步，看到它们真让人开心。"

布兰布尔经常把鼻子凑近茉莉的鼻子，给它来个"检查"。鹿有着极其灵敏的嗅觉。野生环境下，布兰布尔一天里会经常和自己的妈妈碰鼻子，通过这种方式向妈妈学习如何判断一个地方或者一只动物是否安全。它可能已经用这种方法检查过茉莉了。

布兰布尔和茉莉结伴出行，看到的人都

大为惊奇。为什么一只狗和一只鹿能成为密友？布兰布尔这个年龄的小鹿会做很多事。科学家说，非常小的动物百无禁忌，它们不知道有些事情是很奇怪的。它们的信条似乎只有一个："跟着感觉走！"

此外，收容所的生活也让"不可思议"的动物友谊成为可能。毕竟，动物们不需要为食物担心，它们知道杰奥弗和斯泰西是自己的"衣食父母"。在野生世界，饥饿的狐狸可能会捉只小鸭子来充饥；在收容所，勾起它们食欲的是装满粗粮和肉的塑料盘子发出的嘎嘎声，而不是它们的小鸭朋友。

茉莉和布兰布尔很幸运地发现了彼此。

你知道吗？

狗吃巧克力、葡萄或葡萄干会生病。

极速之友

　　格力犬长到三四岁后会结束比赛生涯，退出赛场。许多机构尝试为退休的格力犬选手找个永久的家。这些机构的一个任务是，帮助人们将赛狗转变为宠物。在家庭中生活和在赛场上完全不同。例如，在家庭中，狗狗需要学会如何上下楼梯，有些事情它们当赛狗时从未遇到过。

◆ 狗是最早被驯化的一个物种，在生物学分类上是狼的一个亚种。

◆ 电视遥控器是20世纪50年代发明的。早期遥控器发出的声音会干扰到狗，使它们的听觉变迟钝。

◆ "虹膜异色症"指两只眼睛的虹膜呈现出不同的颜色。虹膜异色症在人类身上很罕见，但在狗身上很普遍。

◆ 美国一名音乐家曾推出一张安抚受伤动物的竖琴唱片，狗听了这些音乐之后，心率和呼吸会变平缓，焦虑情绪也会得到舒缓。

◆ 狗经过特殊训练可以变身"狗医生"，在医院里陪伴处在术后康复期的孩子。

布兰布尔仰起头和它的好朋友茉莉来了个亲密的"碰鼻礼"。

第三章

绝无仅有

杰奥弗认为，茉莉和布兰布尔的牢固友谊可能另有原因。它们看上去非常像同类——都长着长腿，都有前突的脸型和长长的鼻子，都有大大的褐色眼睛和小小的耳朵，连它们的毛色都相差无几。布兰布尔可能在想：亲爱的，你是我妈妈吗？

很快，布兰布尔就长得非常

高大，不能和茉莉相拥在沙发上了。它已经到了可以放归野外的年龄。不过，有个问题是，布兰布尔在收容所待了好几个月。这段时间里，它已经把杰奥弗和斯泰西当成自己的朋友了。在森林里，如果它把遇到的每个人都当作朋友，它可能会性命不保。

杰奥弗还认为，让茉莉和布兰布尔分开是很残忍的事。这只格力犬和小鹿虽然不再整天黏在一起，不过，当茉莉要出去散步时，它总会找布兰布尔。它们仍然喜欢一起出行。布兰布尔可能会被某个声音吸引，跑过去一探究竟，但它总会很快返回到茉莉身边。它们相互蹭蹭脸颊，倚靠在一起。它们是这样要好的一对！

最终，布兰布尔还是留了下来。茉莉继续在办公室欢迎新动物，布兰布尔也交了一些新朋友。它有了一只叫"骗子"的獾朋友，它会和一只叫"埃莉"的大秃鹰一起出去逛游，狐狸罗克也是它的散步伙伴。

布兰布尔还和一只叫"廷瑟"的火鸡很合得来。没人知道这两只动物是如何走到一起的，可能布兰布尔只是喜欢廷瑟餐碗里的食物。也许，它想在这里待得更久些。

现在，每天晚上，布兰布尔都会和廷瑟偎依在动物房中睡觉。廷瑟会啄布兰布尔的脸，当廷瑟"咯咯"叫的时候，布兰布尔会跑过来看看发生了什么。

茉莉也会来动物房看看布兰布尔和廷瑟。它会舔舔布兰布尔的脸，然后和它们待上一会儿。茉莉在收容所的生活非常快乐。它爱大家，大家也喜欢它。因此，当它在2011年因年老而过世时，大家都很悲伤。杰奥弗不确定茉莉的真实年龄，他只知道它让收容所成了那些孤独动物的家园。如今，它在沙发上的"领地"有时会被一只小狗或狐崽占据。不过，不会再有另外一个茉莉了，杰奥弗说。

这只善良的格力犬是绝无仅有的，"茉莉"是所有动物最好的朋友。

酷知识

◆ 松露是某种菌类最有营养的部分。农民们利用狗或猪的灵敏嗅觉在林中寻找松露。

◆ 黑褐猎浣熊犬是专门用于狩猎的工作犬，它们追踪猎物并将其赶上树，然后不停吠叫，呼唤猎人。这种狗非常勇敢，甚至会追赶熊和美洲狮等大型动物。

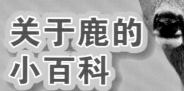

关于鹿的
小百科

除南极洲外，
每个大陆都有鹿生
活。它们把家建在林
地、森林和山岭里，有些鹿
还栖身在沙漠和草原。世界上的鹿
超过43种。

布兰布尔属于西方狍。西方狍生活在
英格兰和欧洲部分地区。在北美，多数鹿
都属于白尾鹿。西方狍只有白尾鹿的一半
大。在夏季，西方狍和白尾鹿的毛色呈淡
红色，到了冬季会变成灰色。

河马欧文和乌龟迈兹寸步不离。

欧文和迈兹：
一对"怪咖"

照片中的欧文大约一岁。当时，这只可爱的小河马的体重是272千克。

第一章

落难的小河马

2004年12月，肯尼亚马林迪。

圣诞假期，肯尼亚马林迪的海滩上人山人海。通常，人们来海滩都是为了观赏海浪，而今天却不是这样，大家聚集于此是为了看河马。几天前，就有河马"现身"海滩，而在此之前，它们都生活在几千米外的河里。暴雨造成了河水暴涨，湍急的河水将河马冲到下游，最终"搁浅"在海滩上。

马林迪海滩很受游客的欢迎。白沙和湛蓝的海水是吸引人的两大原因，第三个原因就是，你能在附近看到许多奇异动物。肯尼亚位于非洲东海岸，是大象、鹰、长颈鹿和斑马等珍稀动物的故乡。

游客可能认为在海滩上看河马是件兴奋的事，当地村民则想得更多。即使远远望去，成年河马的体形也很大，它们会尽力保护小河马，因此对人而言，河马很危险；对于河马而言，危险在于大海——它们不会在海里游泳。

那天晚上，许多人上床睡觉时心里还惦记着河马。第二天早晨，还有更多事情让人担忧。

2004年12月26日一大早，印度洋发生海底地震，这是史上第三大强震。地震引发了海啸，巨大的海浪席卷印度尼西亚的海滩和村镇，许多人受伤或被夺去了生命。当天晚上，海啸袭击了肯尼亚海岸，虽然海啸强度有所减弱，但仍然造成了重大损害。

你知道吗？

小河马可能出生在水里或陆地上。

第二天，人们走出家门，聚集到马林迪海滩，看到的是满目疮痍：船只被抛上了岸、沙滩椅漂浮在海上。河马怎么样了？只剩下一只小河马。人们不知道其他河马怎么样了，不过，有一件事是肯定的——这只小河马需要立即被救助。

人们得先抓住它。渔民撒开大渔网，排成一行，把渔网一角抓在胸前，一起朝前移动，一点一点接近河马。村民和游客也伸出援手。不过，河马行动迅速，身体又滑又大，很不好

河马

河马生活在非洲。那里光照强，天气热。水能让河马保持凉爽，在水下它们不会被阳光晒伤。它们甚至会在水里小睡，只把鼻子露出水面呼吸！

河马不会游泳。它们的身体太重，靠四蹄着地在水里移动。

追捕。这只小河马体重约为 272 千克。当人们迂回包抄时，小河马会突然来个急转弯。

小河马在礁石上来来回回跑了几个小时。最终，救援人员用网套住了这个大块头。

每个人都欢呼起来！不过，这只河马又踢又扭，冲破了罩住它的网，再次逃脱了。救援的人已经筋疲力尽，不过他们没有放弃。他们把普通的渔网换成了捕鲨鱼的网——鲨鱼网更坚韧。

最终，一位名叫欧文·萨宾的游客套住了这只河马。欧文在家乡玩过橄榄球，因此，他知道如何擒住并制服"对手"。每个人都迅速地把自己手中的网撒到河马身上，一层叠一层，最终使它动弹不得。抓到了！数百人欢呼着。他们拍着手，吹起了口哨。终于可以松口气了！

有人给最近的野生动物收容所哈勒野生动物保护区打电话。它靠近蒙巴萨——一座距离海岸80千米的城市。

宝拉·卡呼卜博士是哈勒野生动物保护区的管理者。她知道如果不去接回这只河马，它就彻底没有活下来的机会了。她叫上史蒂文和自己一起去。史蒂文是哈勒野生动物保护区的首席动物管理员。

宝拉和史蒂文跳上卡车出发了。他们在马林迪看到这只小河马时，它被捆着，侧躺在卡车后面。这只河马呼吸困难，浑身满是礁石划出的伤口，还有晒伤，不过，万幸的是，它还活着。

宝拉问救助者他们是否给这只小河马取了名字。人们开始七嘴八舌地议论起来。最后，大家一起喊出了一个名字——"欧文！"他们用套住它的那位勇敢的法国人的名字来命名这只河马小子。

酷知识

◆ 河马是源自非洲的大型草食性哺乳动物，是河马科中的两个延伸物种之一，另一个是倭河马。

◆ 河马的眼睛、耳朵和鼻孔都长在头部靠上的位置，它把这些部位都露在水面上的同时，还能保持大部分身体浸泡在水里。

◆ 河马泡在水里时，有些鸟会站在它们背上，把河马的背当作落脚点，捕食水中的鱼。

◆ 河马张开大嘴"打哈欠"就等于在宣示：这块地盘是我的，小心点儿！

◆ 河马可以3个星期不吃东西。

欧文想要出去玩，它碰了碰迈兹，把它叫醒。迈兹按照乌龟的节奏移动着——动作缓慢而扎实。

第二章

交了新朋友

马林迪的人们帮助宝拉和史蒂文把欧文装上了卡车，宝拉和史蒂文开车返回了哈勒野生动物保护区。在路上，他们谈起如何处理欧文。

哈勒野生动物保护区生活着一些成年河马和其他大型动物，例如羚羊。欧文不能和它们住在一起。成年河马可能会踢咬和自己没有亲缘关系的小河马。对欧文而言，最好的地方是体形较小、性情温顺的动物的饲养区。

于是，他们把欧文放进了猴子和乌龟生活的"地盘"。

宝拉把欧文送进了猴子和乌龟的饲养区，她和史蒂文把渔网从欧文身上拿走，然后，后退了几步。

欧文艰难地站了起来。惊恐的它从人们面前跑开，径直跑向一只大乌龟，并躲到了乌龟身后。欧文的行为着实让这只乌龟大吃一惊！

这只乌龟叫迈兹，快130岁了，而欧文才一岁左右。迈兹是出了名的暴脾气。它慢吞吞地从欧文身边走开，可是欧文却贴身跟着它。直到晚上，宝拉和史蒂文才离开。

第二天早上，他们见到了做梦都想不到的一幕——欧文仍然躲在迈兹身后向外偷看。猜猜怎么样？迈兹居然没有走开。它好像喜欢上了这个小家伙。至于欧文，它看到的迈兹像河马一样圆滚滚的，身体也像河马一样是灰色的。欧文把迈兹误认为是河马了吗？没人知道，不过，科学家认为，迈兹的体形和颜色可能让欧文感到安全。

野生环境里，河马是以家庭为单位来生活的。没有了自己的家庭，欧文一定感到非常孤独，它非常需要一位朋友。

接下来的几天，一切变得越来越清晰了：迈兹成为欧文的朋友。欧文仍然非常虚弱，它好像不知道要吃什么。史蒂文在给欧文和迈兹的白菜、草和胡萝卜中加入了被称为奶片的特别的动物食品。当迈兹开始吃奶片时，欧文也跟着吃。它在模仿迈兹！

欧文总在观察迈兹的一举一动。它开始吃迈兹吃的草，它用力咀嚼同样的树叶，好像迈兹在教它该吃什么。

野生环境下，类似迈兹这样的爬行动物是不会和欧文这样的哺乳动物交朋友的，而它们现在的确成了好朋友。

接下来的几个月，迈兹让保护区的所有人都大吃一惊。这只乌龟似乎真正喜欢上了这只正在成长的河马。

迈兹会把头靠在欧文的肚子上。当它们出去散步时，会等着彼此；休息时又会相互触碰嬉闹。有时，欧文会咬迈兹的后腿。如

老寿星

迈兹是一只亚达伯拉象龟。亚达伯拉象龟是地球上最长寿的陆地动物。

已知最长寿的乌龟的寿命是250岁，在2006年过世。那只乌龟的历史可以回溯到海盗猖獗的时期。当时，海盗和船员会在船上养乌龟，它们可不是宠物——它们是食物。船员会把它们翻过来，肚子朝上，这样它们就没法逃跑了。

现在，迈兹已经大约140岁了，它可能再活100年！

果它想让好友左转，就会咬它的左腿，咬右腿则表示右转。这个小把戏让迈兹很开心，它也会回敬欧文几下。

欧文还喜欢舔迈兹的头，这虽然没有一点问题，但当欧文的大嘴围着迈兹的小脑袋转时，看上去的确有些过分，这引起了护理员的注意。

在欧文到达保护区之前，就曾有一只河马误伤了迈兹。那只河马把迈兹滚成一个球，结果把迈兹的壳弄裂了。史蒂文和宝拉向其他科学家和兽医寻求帮助，他们担心欧文可能也会误伤迈兹，当然，他们也为欧文担心。

欧文的举止一点儿也不像一只河马，它的一举一动像极了一只乌龟！河马整天泡在水里，而欧文则愿意和迈兹待在一起。当它本应睡个长觉的时候，它却在和迈兹一起慢悠悠地

四处走动。晚上，欧文本应吃顿大餐，它却和
迈兹吃的一样。

酷知识

◆ 由于河马的颌部关节位于较后方，因此双
颌可撑开将近150度。它们的4根獠牙长达
10厘米，一次可吃下45千克的植物。

◆ 河马的体形虽大，却可轻巧地浮在水中，
还能在水中待超过30分钟。

◆ 河马的皮上没有汗腺，但却有其他腺体，
能够分泌一种类似防晒乳的微红色潮湿物
质，并能防止昆虫叮咬。

◆ 河马不能在水外待太长的时间。由于这
个原因，河马必须待在水里或潮湿的栖
息地，以防脱水。

◆ 河马是陆地上仅次于象的第二大哺乳
动物。

宝拉和史蒂文以及其他科学家都认为,欧文需要学习如何做一只河马。

第三章

快乐的河马

宝拉和史蒂文决定为欧文建一个新的"豪宅"。他们设计了瀑布、岛屿以及池塘，池塘四周环绕着树木和其他河马喜欢吃的植物。当一切大功告成后，一只名叫克利奥的河马第一个搬了进去。

哈勒野生动物保护区的每个

人都喜欢克利奥，它爱用鼻子表演杂技"平衡木"。也许克利奥和欧文能成为好朋友，也许它能教会欧文如何做只河马。

克利奥很喜欢新家，它绕着整个场地慢慢跑着，在每个水池里都游上一圈。

2006年12月，史蒂文和宝拉准备让欧文入住新居。它们在一只坚固的搬运箱的最里面放满奶片和香蕉，一切按照设想进行。当欧文被食物引进箱子后，它身后的门就关上了。

护理员将箱子装上卡车，运到了新的河马家园。不过，在把欧文放出来之前，他们把它的好伙伴迈兹也运到了这个新家。他们希望迈兹能帮助欧文尽快适应新居。

当欧文被放出来的时候，它一下子跑进树林躲了起来。迈兹走过去找到了这个胆小鬼，两位好朋友开始在新居巡视起来。

欧文听到了克利奥从池塘里发出的吼叫。欧文既好奇又害怕，像个小可怜。克利奥的体形有两个欧文那么大，年龄也是欧文的2倍多。它和欧文没有血缘关系，可能会伤害欧文。它可能已经把欧文视为一大威胁。

接下来的几天，克利奥不时地追赶欧文，欧文不得不东躲西藏。史蒂文和宝拉祈祷克利奥不要伤害到欧文。他们怀疑自己的计划是否有效，直到有一天，他们发现，克利奥和欧文一起待在池塘里了。

最初，当克利奥把头伸出水面，欧文就把头埋进水里。史蒂文和宝拉可以看见它的小尾巴瑟瑟发抖，这让他们哈哈大笑起来。

渐渐地，欧文和克利奥待在一起的时间越

你知道吗？

雄性亚达伯拉象龟体重约181千克，雌性体重约136千克。

好有爱

　　一位名叫彼得·格瑞斯特的人拍下了一张欧文和迈兹在一起的照片。画面中，欧文把自己的头靠在迈兹的脚上。每个看到这张照片的人都会爱上欧文和迈兹。宝拉博士还写了一本关于这两位好朋友的书，许多孩子都读过这本书。

　　一天，加拿大的一位学生向她的老师展示了书中的一张图片。对她而言，迈兹的壳像极了河马的脸，也许这也是欧文所看到、所喜欢的。你怎么看？

来越长。它们玩一种被史蒂文称为"跳河马"的游戏：在池塘里，克利奥会从欧文身边跳开，欧文会跳着追赶克利奥，当它靠近克利奥时，又会转身跳离克利奥。克利奥教会了欧文在水下睡觉，它还教会了这个家伙如何发出嘶吼：真正的河马之声！

2007年3月，哈勒的工作人员将迈兹送回了它的"旧居"。欧文和迈兹待在一起的时间越来越少，和克利奥在一起的时间则越来越多。克利奥对迈兹有些敌意，史蒂文很担心迈兹的安全。

欧文和迈兹不在一起让人们很伤感，不过，对它们而言，这并不是件伤心的事。克利奥和欧文现在非常开心地在一起。也许有一天，它们还会生河马宝宝。迈兹似乎也很快乐，在它的"领地"多了一些新乌龟。设想一下，如果迈兹能够和它的新朋友谈起欧文，它会说些什么呢？

酷知识

◆ 在冰河时期末期，河马广泛地分布于北美洲和欧洲。那时河马能在寒冷气候中生存。

◆ 与外形完全相反的是，河马性格凶残，极易主动攻击其他动物，是世界上最危险的生物之一。河马奔跑时速可达40千米，是非洲每年杀人最多的动物。由于河马的巨大体形与攻击性，它几乎没有天敌，连鳄鱼和狮子都时常被它杀害。

◆ 当河马潜入水中后，一种特殊的"阀门"会自动封闭它的耳孔和鼻孔，但这并不影响它在水下的听力和通信能力。河马被封闭的气孔中会发出"嗡嗡"和"嘀答嘀答"的声音，听起来与海豚发出的声音相似。

扩展阅读

要了解书中所描述的动物物种以及其他动物友谊，请参考以下书籍和网站：

《美国国家地理·与大猩猩面对面》
麦可·尼克·尼克斯和伊莉莎白·卡尼合著

《美国国家地理·动物惊奇125则》
美国国家地理学会编，2012

圣地亚哥动物园 "数字动物世界：河马"
www.sandiegozoo.org/animalbytes/t-hippopotamus.html

旧金山动物园 "动物：西部低地大猩猩"
www.sfzoo.org/westernlowlandgorilla

不可思议的动物友谊
http://unlikelyfriendshipsbook.tumblr.com

美国国家地理·动物故事会系列
带你探索动物们不为人知的另一面！

调皮、捣蛋的动物我们都已经见识到了，那么你见过乐于助人的动物吗？一只训练有素的小狗克劳德挽救了一只搁浅的海豚，一只名叫凯西的猴子帮助伤残的主人逐渐恢复健康，一群鼠类小英雄竟在坦桑尼亚发现了战争时期遗留下的地雷，从而避免了一场灾难……快快跟随我们，一同领略这些动物英雄拯救生命的真实冒险之旅吧！

恶作剧并不是人类的专属，动物们也会。在本书中，小朋友们将认识3只调皮的动物——爱"越狱"的猩猩阿傅、喜欢在夜里偷偷行窃的猫咪奥利维亚、最爱恶作剧的狗狗佩吉。其中，狗狗佩吉竟然将房子点燃了！你将看到它们为主人制造的天大麻烦，它们的肆意狂欢，还有它们如何用魅力赢得主人的心。

本书中4个不可思议的动物友情故事证明了爱是没有界限的。猩猩索雅和狗狗罗斯科是一对好泳伴儿；小河马欧文和乌龟迈兹会一起散步；懂手语的大猩猩科科经常和它心爱的小猫咪一起挠痒痒；还有愿意与任何孤独动物成为好友的格力犬茉莉。这些奇妙的故事一定会让你连呼"哇，太精彩啦"！

在这本书中，小朋友将跟随勇敢的探险家布莱迪·巴尔一起与鳄鱼、眼镜蛇等危险动物面对面。当你在一个洞里遇见13只睡觉的鳄鱼时，会发生什么事情？当一只鳄鱼爬进你的小船里该怎么办？跟随布莱迪踏上惊险刺激的冒险之旅吧！

本书精选了美国国家地理少儿杂志中最受小朋友欢迎的3种明星动物——狗狗奥皮是摩托车越野赛的好手，土拨鼠"响尾蛇"可用来观天气，猫咪图娜是一只摇滚猫明星！你不用去动物园或杂技表演团，就能欣赏到动物们高超的技能和滑稽的表演！

有些动物在成长过程中注定要比其他动物承受更多的苦难，双目失明的老虎奈特罗、白化蝙蝠伊斯莉尔和肯塔基州3只不幸的猴子苏西、鲍伯和凯莱布就是这样。本书中，小读者将看到人们如何拯救这些特殊动物，并帮助它们开始新生活……

本书为小读者呈现了3个真实的动物英雄——舍身救主人的勇敢比特犬莉莉、保护游泳者免遭鲨鱼攻击的海豚、用行动证明了自己真是人类"近亲"的大猩猩。这些人类的好朋友是如何救人于危难之中的呢？本书将为你娓娓道来！

本书献给我永远的最好的朋友帕特·诺曼多。

——艾米·谢尔德

图片来源

Thanks to National Geographic Channel for the photos of Roscoe and Suryia, as seen on Nat Geo WILD's *Unlikely Animal Friends*.

Cover, Stevi Calandra/National Geographic Channels; 2-3, Stevi Calandra/National Geographic Channels; 4, MyrtleBeachSafari.com/Barry Bland; 9 (up, right), Stephaniellen/Shutterstock; 12, MyrtleBeachSafari.com/Barry Bland; 18 (up), Rhett A. Butler/mongabay.com; 20, MyrtleBeachSafari.com/Barry Bland; 24 (up), © Ardiles Rante/Barcroft Media; 26-27, Ron Cohn/Gorilla Foundation/koko.org; 28, Ron Cohn/Gorilla Foundation/koko.org; 32, Ronald Cohn/National Geographic Stock; 34, Ron Cohn/Gorilla Foundation/koko.org; 40, Stuart Key/Dreamstime.com; 42, Ron Cohn/Gorilla Foundation/koko.org; 48, Ron Cohn/Gorilla Foundation/koko.org; 50-51, Caters News Agency; 52, Nuneaton and Warwickshire Wildlife Sanctuary; 59, Utekhina Anna/Shutterstock; 60, Nuneaton and Warwickshire Wildlife Sanctuary; 66, EcoPrint/Shutterstock; 68 (Background), Andrei Calangiu/Dreamstime.com; 68, Nuneaton and Warwickshire Wildlife Sanctuary; 73, Erik Mandre/Dreamstime.com; 74-75, Reuters/Antony Njuguna; 76, Associated Press; 80, Karin Van Ijzendoorn/Dreamstime.com; 84, Associated Press; 89, Daniel Wilson/Shutterstock; 92, Rgbe/Dreamstime.com; 96, Reuters/Antony Njuguna; 99, MyrtleBeachSafari.com/Barry Bland.

致谢

衷心感谢下列机构对本书提供的大力支持：

大猩猩基金会
www.koko.org

纽尼顿&瓦立克郡野生动物庇护所
www.nuneatonwildlife.co.uk

欧文和迈兹
www.owenandmzee.com